JIKKYO NOTEBOOK

スパイラル数学II　学習ノート

【微分法と積分法】

　本書は，実教出版発行の問題集「スパイラル数学II」の5章「微分法と積分法」の全例題と全問題を掲載した書き込み式のノートです。本書をノートのように学習していくことで，数学の実力を身につけることができます。

　また，実教出版発行の教科書「新編数学II」に対応する問題には，教科書の該当ページを示してあります。教科書を参考にしながら問題を解くことによって，学習の効果がより一層高まります。

目　次

1節　微分係数と導関数

∴1 平均変化率と微分係数

SPIRAL A

291 関数 $f(x) = x^2 + 2x$ について，x の値が次のように変化するときの平均変化率を求めよ。

▶教 p.177 例1

*(1) $x = 0$ から $x = 1$ まで

(2) $x = -1$ から $x = 2$ まで

292 関数 $f(x) = 2x^2 - x$ について，x の値が次のように変化するときの平均変化率を求めよ。

▶教 p.177 例2

*(1) $x = 3$ から $x = 3 + h$ まで

(2) $x = a$ から $x = a + h$ まで

293 次の極限値を求めよ。 ▶教 p.178 例3

*(1) $\displaystyle\lim_{h \to 0}(2 + 4h)$

(2) $\displaystyle\lim_{h \to 0}(1 - 6h + 2h^2)$

***294** 関数 $f(x) = -x^2 + 4x$ について，微分係数 $f'(-1)$, $f'(2)$ を求めよ。 ▶教 p.179 例4

4

*295 関数 $f(x) = ax^2 + bx + 1$ について，x の値が $x = 0$ から $x = 1$ まで変化するときの平均変化率が -3 であり，$f'(3) = 7$ であるとき，定数 a，b の値を求めよ。

2 導関数

SPIRAL A

296 次の関数の導関数を定義にしたがって求めよ。　▶教p.181 例6

*(1)　$f(x) = x^2$　　　　　　　　　(2)　$f(x) = 5$

297 次の関数を微分せよ。　▶教p.183 例7

(1)　$y = 4x - 1$　　　　　　　*(2)　$y = x^2 - 2x + 2$

*(3)　$y = 3x^2 + 6x - 5$　　　　(4)　$y = x^3 - 5x^2 - 6$

(5) $y = -2x^3 + 6x^2 + 4x$

*(6) $y = \dfrac{4}{3}x^3 - \dfrac{1}{2}x^2 - \dfrac{3}{2}x$

(7) $y = 4x^3 - 5x^2 + 7$

298 次の関数を微分せよ。 ▶教 p.183 例題1

*(1) $y = (x-1)(x-2)$

(2) $y = (2x-1)(2x+1)$

*(3) $y = (3x+2)^2$

*(4) $y = x^2(x-3)$

(5) $y = x(2x-1)^2$

(6) $y = (x+2)^3$

299 次の問いに答えよ。 ▶教 p.184 例8

*(1) 関数 $f(x) = -x^2 + 3x - 2$ について，微分係数 $f'(2)$，$f'(-1)$ をそれぞれ求めよ。

(2) 関数 $f(x) = x^3 + 4x^2 - 2$ について，微分係数 $f'(1)$，$f'(-2)$ をそれぞれ求めよ。

300 次の問いに答えよ。 ▶教 p.184 例9

(1) 関数 $f(x) = x^2 + x - 2$ について，微分係数 $f'(a)$ が 5 となるような a を求めよ。

(2) 関数 $f(x) = x^3 + 3x^2 + 4x + 5$ について，微分係数 $f'(a)$ が 1 となるような a を求めよ。

8

▶教 p.184 例10

301 次の関数を, [ ]内の変数で微分せよ。

*(1) $y = 5t^2 - 3t + 2$ [t]

*(2) $h = a + vt - \dfrac{1}{2}gt^2$ [t]

(3) $S = 4\pi r^2$ [r]

(4) $P = x^2 + xy + y^2$ [y]

SPIRAL B

302 次の問いに答えよ。

*(1) 関数 $f(x) = ax^2 + bx + 8$ が，$f(2) = 0$，$f'(0) = 2$ を満たすとき，定数 a, b の値を求めよ。

(2) 関数 $f(x) = (x-a)^2$ が，$f(2) = 1$，$f'(2) = 2$ を満たすとき，定数 a の値を求めよ。

303 関数 $f(x) = ax^3 + bx^2 + cx + 1$ が，$f(1) = 2$，$f'(0) = 3$，$f'(1) = 1$ を満たすとき，定数 a, b, c を求めよ。

例題 44

2次関数 $f(x)$ が次の等式を満たすとき，$f(x)$ を求めよ。

$$3f(x) = xf'(x) + x^2 + 2x - 6$$

解

$a \neq 0$ として，$f(x) = ax^2 + bx + c$ とすると $f'(x) = 2ax + b$

与えられた等式にこれらを代入すると

$$3(ax^2 + bx + c) = x(2ax + b) + x^2 + 2x - 6$$

式を整理すると $(a-1)x^2 + (2b-2)x + 3c + 6 = 0$

これは x についての恒等式であるから

$$a - 1 = 0, \ 2b - 2 = 0, \ 3c + 6 = 0$$

ゆえに $a = 1, \ b = 1, \ c = -2$ よって $f(x) = x^2 + x - 2$ 答

*304 2次関数 $f(x)$ が次の等式を満たすとき，$f(x)$ を求めよ。

$$f(x) + xf'(x) = 3x^2 + 2x + 1$$

⋮3 接線の方程式

SPIRAL A

305 関数 $y = x^2 + 2x$ のグラフ上の次の点における接線の方程式を求めよ。 ▶國 p.185 例題2

*(1)　(1, 3)

(2)　(−1, −1)

*(3)　(0, 0)

306 次の関数のグラフ上の与えられた点における接線の方程式を求めよ。 ▶國 p.185 例題2

*(1) $y = 2x^2 - 4$, $(1, -2)$

(2) $y = 2x^2 - 4x + 1$, $(0, 1)$

(3) $y = x^3 - 3x$, $(1, -2)$

*(4) $y = 5x - x^3$, $(2, 2)$

307 次の関数のグラフ上の x 座標が 1 である点における接線の方程式を求めよ。

(1) $y = x^3 - 5x^2 + 8x - 1$

*(2) $y = -x^3 + 6x^2$

SPIRAL **B**

例題
45
関数 $y = 2x^2 - 8x + 5$ のグラフについて，次の条件を満たす接線の方程式を求めよ。

(1) 傾きが 4 (2) x 軸に平行

解 $f(x) = 2x^2 - 8x + 5$ とおくと
$$f'(x) = 4x - 8$$
よって，接点を $P(a, 2a^2 - 8a + 5)$ とすると，接線の方程式は
$$y - (2a^2 - 8a + 5) = (4a - 8)(x - a)$$
この式を整理して
$$y = (4a - 8)x - 2a^2 + 5$$
(1) 傾きが 4 であるから $4a - 8 = 4$ より $a = 3$
したがって，接線の方程式は $\boldsymbol{y = 4x - 13}$ 答
(2) x 軸に平行となるのは，傾きが 0 のときである。
すなわち $4a - 8 = 0$ より $a = 2$
したがって，接線の方程式は $\boldsymbol{y = -3}$ 答

308 関数 $y = x^2 - 2x$ のグラフについて，次の条件を満たす接線の方程式を求めよ。

*(1) 原点で接する

(2) 傾きが − 4

*(3) x 軸に平行

*309 関数 $y = -x^2 + 4x - 3$ のグラフに，点 $(3, 4)$ から引いた接線の方程式を求めよ。

▶敎 p.186 応用例題1

*310 関数 $y = x^3 + 4x^2$ のグラフ上の点 $A(-1, 3)$ について，点 A を通り，A における接線に垂直な直線の方程式を求めよ。

例題
46 関数 $y = x^3 + kx + 3$ のグラフに直線 $y = 2x + 1$ が接するとき，定数 k の値を求めよ。

解 $f(x) = x^3 + kx + 3$ とおくと $f'(x) = 3x^2 + k$

接点の x 座標を a とおくと

$$f(a) = a^3 + ak + 3, \quad f'(a) = 3a^2 + k$$

よって，接線の方程式は

$$y - (a^3 + ak + 3) = (3a^2 + k)(x - a)$$

これを整理すると

$$y = (3a^2 + k)x - 2a^3 + 3$$

これが直線 $y = 2x + 1$ と一致するから

$$\begin{cases} 3a^2 + k = 2 & \cdots\cdots① \\ -2a^3 + 3 = 1 & \cdots\cdots② \end{cases}$$

②より $a^3 = 1$ であるから $a = 1$

①に代入して

$3 \times 1^2 + k = 2$ より $\boldsymbol{k = -1}$ 答

*311 関数 $y = x^3 - 2x^2 + kx + 2$ のグラフに直線 $y = 3x + 2$ が接するとき，定数 k の値を求めよ。

18

2節　微分法の応用

∴1 関数の増減と極大・極小

SPIRAL A

312 次の関数の増減を調べよ。　　　　　　　　　　　　▶國 p.189 例1

*(1)　$f(x) = 2x^2 - 24x$

(2)　$f(x) = -3x^2 - 12x + 5$

313 次の関数の増減を調べよ。 ▶教p.189例題1

(1) $f(x) = x^3 - 3x^2 + 2$

*(2) $f(x) = 2x^3 + 3x^2$

*(3) $f(x) = -x^3 + 3x - 1$

(4) $f(x) = 2x^3 - 9x^2 + 12x - 4$

314 次の関数の増減を調べ，極値を求めよ。また，そのグラフをかけ。 ▶教 p.191 例題2

*(1)　$y = x^3 - 3x + 2$

(2)　$y = 2x^3 - 12x^2 + 18x - 2$

*(3) $y = -x^3 + 3x^2 + 9x$

315 次の関数の増減を調べ，極値をもたないことを示せ。 ▶國p.191

*(1) $f(x) = x^3 + 2x + 1$

(2) $f(x) = -x^3 - 3x$

316 次の関数について，（　）内の区間における最大値と最小値を求めよ。　　▶教p.193例題3

*(1)　$y = -2x^3 + 3x^2 + 12x - 4$　$(-2 \leqq x \leqq 3)$

(2)　$y = x^3 - 3x^2 + 2$　$(-2 \leqq x \leqq 1)$

*(3) $y = -x^3 + 12x + 5$ $(-1 \leqq x \leqq 3)$

(4) $y = x^3 - 3x$ $(-3 \leqq x \leqq 2)$

*317 関数 $f(x) = 2x^3 + ax^2 - 12x + b$ が, $x = 1$ で極小値 -6 をとるような定数 a, b の値を求めよ。また, そのときの $f(x)$ の極大値を求めよ。　　　　　　▶教 p.192 応用例題1

318 関数 $y = x^3 - 5x^2 + 3x + a$ について, 区間 $1 \leqq x \leqq 4$ における最大値が 1 であるような a の値を求めよ。　　　　　　▶教 p.193 例題3

27

*319 関数 $y = x^3 - 6x^2 + 9x + k$ について，区間 $-1 \leqq x \leqq 2$ における最小値が -20 であるとき，次の問いに答えよ。 ▶教p.193例題3

(1) 定数 k の値を求めよ。

(2) この区間における最大値を求めよ。

320 底面の直径と高さの和が 12 cm である円柱を考える。円柱の体積 V の最大値と，そのときの底面の直径 x と高さ y を求めよ。 ▶國 p.194 応用例題2

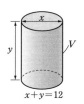

SPIRAL C

例題 47 関数 $y = x^4 - 2x^2$ の増減を調べ，極値を求めよ。また，そのグラフをかけ。

▶數 p.198 思考力➕

解 $y' = 4x^3 - 4x = 4x(x+1)(x-1)$

$y' = 0$ を解くと $x = -1, 0, 1$

y の増減表は次のようになる。

x	$\cdots$	-1	$\cdots$	0	$\cdots$	1	$\cdots$
y'	$-$	0	$+$	0	$-$	0	$+$
y	$\searrow$	極小 -1	$\nearrow$	極大 0	$\searrow$	極小 -1	$\nearrow$

よって，y は $x = 0$ で **極大値 0**

$x = -1, 1$ で **極小値 -1**

をとる。

また，グラフは右の図のようになる。 **答**

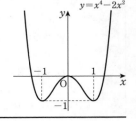

321 4次関数 $y = \dfrac{1}{4}x^4 - 2x^3 + 4x^2$ の増減を調べ，極値を求めよ。また，そのグラフをかけ。

例題 48

次の問いに答えよ。

(1) 3次関数 $y = x^3 + 3x^2 + ax$ が極値をもつような定数 a の値の範囲を求めよ。

(2) 3次関数 $y = 3x^3 - ax^2 + x - 2$ が極値をもたないような定数 a の値の範囲を求めよ。

考え方 $f(x)$ が極値をもつ $\iff$ $f'(x) = 0$ の判別式 $D > 0$

$f(x)$ が極値をもたない $\iff$ $f'(x) = 0$ の判別式 $D \leq 0$

解

(1) $y' = 3x^2 + 6x + a$

$y' = 0$ の判別式を D とすると $D = 6^2 - 4 \times 3 \times a = 36 - 12a$

$y' = 0$ が2つの異なる実数解をもてばよいから,$D > 0$ より

$36 - 12a > 0$ よって **$a < 3$** 答

(2) $y' = 9x^2 - 2ax + 1$

$y' = 0$ の判別式を D とすると

$D = (-2a)^2 - 4 \times 9 \times 1 = 4a^2 - 36 = 4(a^2 - 9) = 4(a+3)(a-3)$

$y' = 0$ が2つの異なる実数解をもたなければよいから,$D \leq 0$ より

$4(a+3)(a-3) \leq 0$ よって **$-3 \leq a \leq 3$** 答

322 3次関数 $y = x^3 + 3ax^2 - ax + 2$ が極値をもたないような定数 a の値の範囲を求めよ。

▶教 p.195 例題4

2 方程式・不等式への応用

SPIRAL A

323 次の方程式の異なる実数解の個数を求めよ。

*(1) $x^3 - 3x + 5 = 0$

(2) $x^3 + 3x^2 - 4 = 0$

(3) $2x^3 - 3x^2 - 12x - 3 = 0$

*(4) $x^3 + 3x^2 - 9x - 2 = 0$

324 3次方程式 $2x^3 + 3x^2 + 1 - a = 0$ の異なる実数解の個数は，定数 a の値によってどのように変わるか。

▶國 p.196 応用例題3

*325   3次方程式 $x^3 - 6x + a = 0$ が，異なる3つの実数解をもつような定数 a の値の範囲を求めよ。

▶教 p.196 応用例題3

***326** $x \geqq 0$ のとき，不等式 $x^3 + 4 \geqq 3x^2$ を証明せよ。また，等号が成り立つときの x の値を求めよ。

▶敎 p.197 応用例題4

*327　$x \geqq 1$ のとき，不等式 $2x^3 + 5 > 6x$ を証明せよ。　▶敎 p.197 応用例題4

SPIRAL C

例題 49

$x \geqq 0$ のとき，不等式 $x^3 - 2ax^2 - 4a^2x + 1 \geqq 0$ がつねに成り立つような正の実数 a の値の範囲を求めよ。

解

$f(x) = x^3 - 2ax^2 - 4a^2x + 1$ とおくと

$f'(x) = 3x^2 - 4ax - 4a^2 = (x - 2a)(3x + 2a)$

$f'(x) = 0$ を解くと $x = 2a,\ -\dfrac{3}{2}a$

$a > 0$ より，区間 $x \geqq 0$ における $f(x)$ の増減表は，右のようになる。

x	0	$\cdots$	$2a$	$\cdots$
$f'(x)$		$-$	0	$+$
$f(x)$	1	$\searrow$	極小 $1-8a^3$	$\nearrow$

不等式が成り立つには $1 - 8a^3 \geqq 0$ であればよい。

$8a^3 - 1 \leqq 0$ すなわち $(2a - 1)(4a^2 + 2a + 1) \leqq 0$

ここで，$4a^2 + 2a + 1 > 0$ より $a \leqq \dfrac{1}{2}$

したがって，$a > 0$ より $\boldsymbol{0 < a \leqq \dfrac{1}{2}}$ 答

328 $x \geqq 0$ のとき，不等式 $x^3 - 3a^2x + 16 \geqq 0$ がつねに成り立つような正の実数 a の値の範囲を求めよ。

329　3次方程式 $\dfrac{1}{3}x^3 - b^2x + b = 0$ が，異なる3つの実数解をもつような定数 b の値の範囲を求めよ。

例題 50
3次方程式 $x^3 - 3x^2 - 9x - a = 0$ が，相異なる2つの正の解と1つの負の解をもつような定数 a の値の範囲を求めよ。

 ▶ p.220章末9

解
与えられた方程式を
$$x^3 - 3x^2 - 9x = a \quad \cdots\cdots ①$$
と変形し，$f(x) = x^3 - 3x^2 - 9x$ とおくと
$$f'(x) = 3x^2 - 6x - 9 = 3(x+1)(x-3)$$
$f'(x) = 0$ を解くと $\quad x = -1, \ 3$
$f(x)$ の増減表は右のようになる。
ゆえに，$y = f(x)$ のグラフは右の図のようになる。
方程式①の実数解は，このグラフと直線 $y = a$ との共有点の x 座標と一致する。
よって，方程式①が正の解2つと負の解1つをもつためには，このグラフと直線 $y = a$ が $x > 0$ の範囲で2点で交わり，かつ $x < 0$ の範囲で1点で交わればよいから
$$-27 < a < 0 \quad \boxed{答}$$

x	$\cdots$	-1	$\cdots$	3	$\cdots$
$f'(x)$	$+$	0	$-$	0	$+$
$f(x)$	↗	5	↘	-27	↗

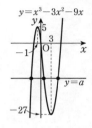

330 3次方程式 $2x^3 - 3x^2 - 36x - a = 0$ が，1つの正の解と相異なる2つの負の解をもつような定数 a の値の範囲を求めよ。

3節　積分法

∴1　不定積分

SPIRAL A

331 次の不定積分を求めよ。　　　　　　　　　　　▶教p.202例2

(1) $\int (-2)\,dx$ 　　　　　　　　*(2) $\int 2x\,dx$

(3) $3\int x^2\,dx + \int x\,dx$ 　　　　*(4) $2\int x^2\,dx - 3\int dx$

(5) $\int (2x-1)\,dx$ 　　　　　　*(6) $\int 3(x-1)\,dx$

(7) $\displaystyle\int (x^2 + 3x)\, dx$

(8) $\displaystyle\int 2(-x^2 + 3x - 2)\, dx$

*(9) $\displaystyle\int (1 - x - x^2)\, dx$

(10) $\displaystyle\int \left(3x^2 - \frac{2}{3}x + 1\right) dx$

332 次の不定積分を求めよ。　　　　　　　　　　　　　　　▶教 p.203 例題1

(1) $\displaystyle\int (x-2)(x+1)\,dx$　　　　　　　*(2) $\displaystyle\int x(3x-1)\,dx$

(3) $\displaystyle\int (x+1)^2\,dx$　　　　　　　*(4) $\displaystyle\int (2x+1)(3x-2)\,dx$

333 次の条件を満たす関数 $F(x)$ を求めよ。　　　　　　　　　　　　▶教 p.203 例題2

*(1)　$F'(x) = 4x + 2,$　　$F(0) = 1$　　　　　　　(2)　$F'(x) = -3x^2 + 2x - 1,$　　$F(1) = -1$

334 次の不定積分を求めよ。　　　　　　　　　　　　　　　　　▶教 p.203 例3

*(1)　$\displaystyle \int (t - 2)\, dt$　　　　　　　　　　　(2)　$\displaystyle \int (9t^2 - 2t)\, dt$

(3) $\displaystyle\int(3y^2-2y-1)\,dy$ *(4) $\displaystyle\int(-9u^2-5u+2)\,du$

SPIRAL B

*335 関数 $y=f(x)$ のグラフは，点 $(1,\ 0)$ を通り，そのグラフ上の各点 $(x,\ y)$ における接線の傾きは $3x^2-4$ に等しいという。この関数 $f(x)$ を求めよ。

例題 51

次の条件(i), (ii)を満たす関数 $f(x)$ を求めよ。

(i) 関数 $f(x)$ の極大値は 0

(ii) 導関数 $f'(x)$ は, $f'(x) = (3x+4)(2-x)$

解 積分定数を C とする。

$$f(x) = \int (3x+4)(2-x)\,dx = \int (-3x^2 + 2x + 8)\,dx$$
$$= -x^3 + x^2 + 8x + C$$

極値をとるから, $f'(x) = 0$ を解くと

$(3x+4)(2-x) = 0$ より $x = -\dfrac{4}{3}, \ 2$

$f(x)$ の増減表は右のようになる。

$x = 2$ のとき極大値 0 をとるから $\quad 12 + C = 0$

ゆえに $C = -12$

よって $\boldsymbol{f(x) = -x^3 + x^2 + 8x - 12}$ **答**

x	$\cdots$	$-\dfrac{4}{3}$	$\cdots$	2	$\cdots$
$f'(x)$	$-$	0	$+$	0	$-$
$f(x)$	↘	$-\dfrac{176}{27}+C$	↗	$12+C$	↘

*336 次の条件(i), (ii)を満たす関数 $f(x)$ を求めよ。

(i) 関数 $f(x)$ の極大値は 1

(ii) 導関数 $f'(x)$ は, $f'(x) = (3x+2)(x+1)$

2 定積分

337 次の定積分を求めよ。　　　　　　　　　　　▶教 p.205 例4

*(1)　$\int_{-1}^{2} 3x^2\,dx$

(2)　$\int_{-2}^{2} 2x\,dx$

*(3)　$\int_{-1}^{3} 3\,dx$

338 次の定積分を求めよ。 ▶敎 p.205 例題3

(1) $\displaystyle\int_{-1}^{2}(4x+1)\,dx$

*(2) $\displaystyle\int_{-1}^{1}(x^2-2x-3)\,dx$

(3) $\displaystyle\int_{0}^{3}(3x^2-6x+7)\,dx$

48

*(4) $\displaystyle\int_1^4 (x-2)^2\,dx$

*(5) $\displaystyle\int_1^4 (x-2)(x-4)\,dx$

339 次の定積分を求めよ。 ▶國 p.206 例5

*(1) $\displaystyle\int_1^2 (3x^2 - 2x + 5)\,dx$

(2) $\displaystyle\int_{-2}^1 (-x^2 + 4x - 2)\,dx$

340 次の定積分を求めよ。 ▶敎 p.206 例6

*(1) $\displaystyle\int_0^2 (3x+1)\,dx - \int_0^2 (3x-1)\,dx$

(2) $\displaystyle\int_0^1 (2x^2 - 5x + 3)\,dx - \int_0^1 (2x^2 + 5x + 3)\,dx$

*(3) $\displaystyle\int_1^3 (3x+5)^2\,dx - \int_1^3 (3x-5)^2\,dx$

(4) $\displaystyle\int_0^4 (4x^2-x+2)\,dx - \int_0^4 (4x^2+x+3)\,dx$

341　次の定積分を求めよ。　　　　　　　　　　　　▶敎 p.207 例7

(1)　$\displaystyle\int_1^1 (4x^2 + x - 3)\,dx$

*(2)　$\displaystyle\int_{-1}^0 (x^2 + 1)\,dx + \int_0^2 (x^2 + 1)\,dx$

(3) $\displaystyle\int_0^1 (x^2 - x + 1)\,dx + \int_1^2 (x^2 - x + 1)\,dx$

*(4) $\displaystyle\int_{-3}^{-1} (x^2 + 2x)\,dx - \int_1^{-1} (x^2 + 2x)\,dx$

54

342 次の定積分を求めよ。 p.207 例8

(1) $\displaystyle\int_{-1}^{2}(3t^2-2t)\,dt$

*(2) $\displaystyle\int_{-2}^{0}(4-2s^2)\,ds$

(3) $\displaystyle\int_{-a}^{a}(3y^2+4y-1)\,dy$

343 次の計算をせよ。 ▶教 p.208 例9

*(1) $\dfrac{d}{dx}\displaystyle\int_2^x (t^2+3t+1)\,dt$

(2) $\dfrac{d}{dx}\displaystyle\int_x^{-1} (2t-1)^2\,dt$

▶教 p.209 応用例題1

SPIRAL B

344 次の等式を満たす関数 $f(x)$ と定数 a の値を求めよ。

*(1) $\displaystyle \int_1^x f(t)\,dt = x^2 - 3x - a$

(2) $\displaystyle \int_a^x f(t)\,dt = 2x^2 + 3x - 5$

SPIRAL C

例題 52 等式 $f(x) = 2x^2 + 1 + 2\displaystyle\int_0^1 f(t)\,dt$ が，任意の x に対して成り立つとき，関数 $f(x)$ を求めよ。

▶教 p.220 章末11

解 $\displaystyle\int_0^1 f(t)\,dt$ は定数であるから，$\displaystyle\int_0^1 f(t)\,dt = a$ とおくと

$$f(x) = 2x^2 + 1 + 2a$$

ゆえに

$$\int_0^1 (2t^2 + 1 + 2a)\,dt = a$$

ここで $\displaystyle\int_0^1 (2t^2 + 1 + 2a)\,dt = \left[\frac{2}{3}t^3 + t + 2at\right]_0^1 = \frac{2}{3} + 1 + 2a = \frac{5}{3} + 2a$

よって $\dfrac{5}{3} + 2a = a$

これを解いて $a = -\dfrac{5}{3}$

したがって $f(x) = 2x^2 + 1 - \dfrac{10}{3} = 2x^2 - \dfrac{7}{3}$

すなわち $f(x) = 2x^2 - \dfrac{7}{3}$ **答**

345 次の等式が任意の x に対して成り立つとき，関数 $f(x)$ を求めよ。

(1) $f(x) = x + \displaystyle\int_0^3 f(t)\,dt$

(2) $f(x) = 3x^2 - 2x + \int_0^2 f(t)\,dt$

346 次の関数 $f(x)$ の極値を求めよ。

$$f(x) = \int_0^x (t^2 - 4t + 3)\,dt$$

347 $\int_{\alpha}^{\beta}(x-\alpha)(x-\beta)\,dx = -\dfrac{1}{6}(\beta-\alpha)^3$ を用いて，次の定積分を求めよ。　▶教 p.217 思考力✚

(1) $\displaystyle\int_1^2 (x-1)(x-2)\,dx$

(2) $\displaystyle\int_{-1}^4 (x+1)(x-4)\,dx$

(3) $\displaystyle\int_{2-\sqrt{3}}^{2+\sqrt{3}} (x-2+\sqrt{3})(x-2-\sqrt{3})\,dx$

(4) $\displaystyle\int_{-\frac{2}{3}}^1 (3x+2)(x-1)\,dx$

3 定積分と面積

SPIRAL A

348 次の放物線と直線で囲まれた部分の面積Sを求めよ。　　　　▶教p.211例10

*(1)　$y = 3x^2 + 1$,　x軸,　$x = -1$,　$x = 2$

(2)　$y = -x^2 + 4x$,　　x軸,　$x = 1$,　$x = 3$

*(3) $y = x^2 - x$, x軸, $x = -2$, $x = -1$

62

349 次の放物線と x 軸で囲まれた部分の面積 S を求めよ。 ▶教p.212例題4

*(1) $y = x^2 - 3x$

(2) $y = \dfrac{1}{2}x^2 + 2x$

(3) $y = 3x^2 - 6$

*(4) $y = x^2 - 4x + 3$

350 次の 2 つの放物線と 2 つの直線で囲まれた部分の面積 S を求めよ。 ▶️p.214例11

*(1) $y = 2x^2$, $y = x^2 + 9$, $x = -2$, $x = 1$

(2) $y = x^2 - 6x + 4,\ \ y = -x^2 + 4x - 4,\ \ x = 2,\ \ x = 3$

351 次の放物線と直線で囲まれた部分の面積 S を求めよ。　　　　　　　▶教p.214例題5

(1)　$y = x^2 - 2x - 1$, $y = x - 1$

*(2) $y = -x^2 - x + 4, \quad y = -3x + 1$

352 次のそれぞれの図について, 2つの部分の面積の和 S を求めよ。

▶教p.218例題1

(1) 放物線 $y = x^2 - 4$ と x 軸および直線 $x = 3$ で囲まれた2つの部分

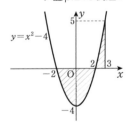

*(2) 放物線 $y = x^2 - 6x + 8$ と x 軸および直線 $x = 1$ で囲まれた 2 つの部分

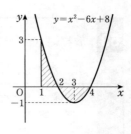

例題 53

放物線 $y = -x^2 + ax$ と x 軸で囲まれた部分の面積が $\dfrac{4}{3}$ になるような定数 a の値を求めよ。ただし，$a > 0$ とする。

解

放物線 $y = -x^2 + ax$ と x 軸の共有点の x 座標は　$-x^2 + ax = 0$ より　$x = 0,\ a$

区間 $0 \le x \le a$ で $-x^2 + ax \ge 0$ より，放物線と x 軸で囲まれた部分の面積 S は

$$S = \int_0^a (-x^2 + ax)\,dx = \left[-\frac{1}{3}x^3 + \frac{a}{2}x^2 \right]_0^a = -\frac{a^3}{3} + \frac{a^3}{2} = \frac{a^3}{6}$$

ゆえに　$\dfrac{a^3}{6} = \dfrac{4}{3}$ より　$a^3 = 8$　よって　**$a = 2$** 答

---

*353　放物線 $y = x^2 - 2ax$ と x 軸で囲まれた部分の面積が $\dfrac{9}{16}$ となるような，定数 a の値を求めよ。ただし，$a > 0$ とする。

354 次の問いに答えよ。

(1) 放物線 $y = x^2$ のグラフ上の点 $(2, 4)$ における接線の方程式を求めよ。

(2) 放物線 $y = x^2$ と x 軸および(1)で求めた接線で囲まれた部分の面積 S を求めよ。

*355 放物線 $y = x^2 - 2x - 3$ において，次の問いに答えよ。

(1) 放物線と x 軸の共有点における 2 つの接線の方程式を求めよ。

(2) 放物線と(1)で求めた 2 つの接線で囲まれた部分の面積 S を求めよ。

356 次の 2 つの放物線で囲まれた部分の面積 S を求めよ。

(1) $y = 2x^2$, $y = x^2 + 1$

(2) $y = x^2 - 4x + 2, \ y = -x^2 + 2x - 2$

76

SPIRAL **C**

357 $y = x(x+3)(x-1)$ のグラフと x 軸で囲まれた2つの部分の面積の和 S を求めよ。

曲線と接線で囲まれた部分の面積

例題 54 関数 $y = x^3 - 2x + 5$ のグラフと，このグラフの接線 $y = x + 3$ で囲まれた部分の面積 S を求めよ。

解 関数 $y = x^3 - 2x + 5$ のグラフと，接線 $y = x + 3$ の共有点の x 座標は，方程式

$$x^3 - 2x + 5 = x + 3$$

すなわち $x^3 - 3x + 2 = 0$ の解である。

因数分解して $(x-1)^2(x+2) = 0$ より $x = -2,\ 1$

グラフは右の図のようになるから

$$S = \int_{-2}^{1} \{(x^3 - 2x + 5) - (x + 3)\}\, dx$$

$$= \int_{-2}^{1} (x^3 - 3x + 2)\, dx$$

$$= \left[\frac{1}{4}x^4 - \frac{3}{2}x^2 + 2x\right]_{-2}^{1}$$

$$= \left(\frac{1}{4} - \frac{3}{2} + 2\right) - (4 - 6 - 4) = \frac{27}{4} \quad \boxed{答}$$

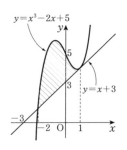

358 曲線 $y = x^3 - 3x^2 + 3x - 1$ と，この曲線上の点 $(0, -1)$ における接線で囲まれた部分の面積 S を求めよ。

359 次の定積分を求めよ。 ▶教p.216思考力➕例題1

(1) $\displaystyle\int_0^4 |x-3|\,dx$

(2) $\displaystyle\int_0^3 |2x - 3|\, dx$

80

—絶対値を含む関数の定積分

例題	
55	定積分 $\displaystyle\int_{-2}^{2}|x^2-2x-3|\,dx$ を求めよ。

▶教 p.220 章末12

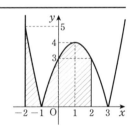

解

$x^2-2x-3=(x+1)(x-3)$ より

$x^2-2x-3\geqq 0$ すなわち $x\leqq -1,\ 3\leqq x$ のとき

$\quad |x^2-2x-3|=x^2-2x-3$

$x^2-2x-3\leqq 0$ すなわち $-1\leqq x\leqq 3$ のとき

$\quad |x^2-2x-3|=-(x^2-2x-3)=-x^2+2x+3$

よって，求める定積分は

$\displaystyle\int_{-2}^{2}|x^2-2x-3|\,dx$

$\displaystyle=\int_{-2}^{-1}|x^2-2x-3|\,dx+\int_{-1}^{2}|x^2-2x-3|\,dx$

$\displaystyle=\int_{-2}^{-1}(x^2-2x-3)\,dx+\int_{-1}^{2}(-x^2+2x+3)\,dx$

$\displaystyle=\left[\frac{1}{3}x^3-x^2-3x\right]_{-2}^{-1}+\left[-\frac{1}{3}x^3+x^2+3x\right]_{-1}^{2}$

$\displaystyle=\left(-\frac{1}{3}-1+3\right)-\left(-\frac{8}{3}-4+6\right)+\left(-\frac{8}{3}+4+6\right)-\left(\frac{1}{3}+1-3\right)=\frac{34}{3}$ **答**

---

360 次の定積分を求めよ。

(1) $\displaystyle\int_{0}^{3}|x^2-4|\,dx$

(2) $\displaystyle\int_{-2}^{1} |x^2 - x - 2| \, dx$

361 $\int_{\alpha}^{\beta}(x-\alpha)(x-\beta)\,dx=-\dfrac{1}{6}(\beta-\alpha)^3$ を用いて，次の放物線と x 軸で囲まれた部分の面積 S を求めよ。

▶数p.217思考力✚

(1)　$y=-x^2+x+2$

(2) $y = x^2 - 2x - 1$

362 放物線 $y = x^2 - 2x$ と x 軸で囲まれた部分の面積を S_1，この放物線の $x \geqq 2$ の部分と x 軸および直線 $x = a$ で囲まれた部分の面積を S_2 とする。このとき，$S_1 = S_2$ となる定数 a の値を求めよ。ただし，$a > 2$ とする。

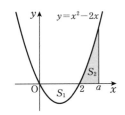

解答

291 (1) 3 (2) 3
292 (1) $11+2h$ (2) $4a-1+2h$
293 (1) 2 (2) 1
294 $f'(-1)=6$, $f'(2)=0$
295 $a=2$, $b=-5$
296 (1) $2x$ (2) 0
297 (1) 4 (2) $2x-2$
(3) $6x+6$ (4) $3x^2-10x$
(5) $-6x^2+12x+4$ (6) $4x^2-x-\dfrac{3}{2}$
(7) $12x^2-10x$
298 (1) $2x-3$ (2) $8x$
(3) $18x+12$ (4) $3x^2-6x$
(5) $12x^2-8x+1$ (6) $3x^2+12x+12$
299 (1) $f'(2)=-1$, $f'(-1)=5$
(2) $f'(1)=11$, $f'(-2)=-4$
300 (1) $a=2$ (2) $a=-1$
301 (1) $10t-3$ (2) $v-gt$
(3) $8\pi r$ (4) $x+2y$
302 (1) $a=-3$, $b=2$
(2) $a=1$
303 $a=2$, $b=-4$, $c=3$
304 $f(x)=x^2+x+1$
305 (1) $y=4x-1$ (2) $y=-1$
(3) $y=2x$
306 (1) $y=4x-6$ (2) $y=-4x+1$
(3) $y=-2$ (4) $y=-7x+16$
307 (1) $y=x+2$ (2) $y=9x-4$
308 (1) $y=-2x$ (2) $y=-4x-1$
(3) $y=-1$
309 $y=2x-2$, $y=-6x+22$
310 $y=\dfrac{1}{5}x+\dfrac{16}{5}$
311 $k=3$, 4
312 (1) $x<6$ で減少し，$x>6$ で増加する。
(2) $x<-2$ で増加し，$x>-2$ で減少する。
313 (1) $x\leqq0$，$2\leqq x$ で増加し，
 $0\leqq x\leqq2$ で減少する。
(2) $x\leqq-1$，$0\leqq x$ で増加し，
 $-1\leqq x\leqq0$ で減少する。
(3) $-1\leqq x\leqq1$ で増加し，
 $x\leqq-1$，$1\leqq x$ で減少する。
(4) $x\leqq1$，$2\leqq x$ で増加し，
 $1\leqq x\leqq2$ で減少する。

314 (1) $x=-1$ で 極大値 4
 $x=1$ で 極小値 0

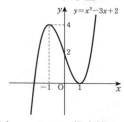

(2) $x=1$ で 極大値 6
 $x=3$ で 極小値 -2

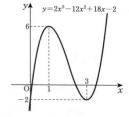

(3) $x=-1$ で 極小値 -5
 $x=3$ で 極大値 27

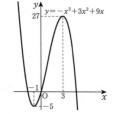

315 (1) $f'(x)=3x^2+2>0$
 よって，$f(x)$ はつねに増加し，極値をもたない。
(2) $f'(x)=-3x^2-3=-3(x^2+1)<0$
 よって，$f(x)$ はつねに減少し，極値をもたない。
316 (1) $x=2$ のとき 最大値 16
 $x=-1$ のとき 最小値 -11
(2) $x=0$ のとき 最大値 2
 $x=-2$ のとき 最小値 -18
(3) $x=2$ のとき 最大値 21
 $x=-1$ のとき 最小値 -6
(4) $x=-1$，2 のとき 最大値 2
 $x=-3$ のとき 最小値 -18
317 $a=3$, $b=1$
$x=-2$ のとき 極大値 21
318 $a=2$
319 (1) $k=-4$ (2) 0
320 $x=8$, $y=4$ のとき
最大値 64π（cm³）

321　$x=0$, 4 のとき　極小値 0
$x=2$ のとき　極大値 4

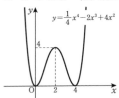

322　$-\dfrac{1}{3} \leqq a \leqq 0$

323　(1)　1 個　　(2)　2 個
(3)　3 個　　　　(4)　3 個

324　$a<1$, $2<a$ のとき　1 個
$a=1$, 2 のとき　2 個
$1<a<2$ のとき　3 個

325　$-4\sqrt{2}<a<4\sqrt{2}$

326　$f(x)=x^3+4-3x^2$ とおくと
　$f'(x)=3x^2-6x=3x(x-2)$
$f'(x)=0$ を解くと　$x=0$, 2
区間 $x \geqq 0$ における $f(x)$ の増減表は，次のように
なる。

x	0	$\cdots\cdots$	2	$\cdots\cdots$
$f'(x)$	0	$-$	0	$+$
$f(x)$	4	$\searrow$	極小	$\nearrow$

ゆえに，$x \geqq 0$ において，$f(x)$ は $x=2$ で最小値 0
をとる。
よって，$x \geqq 0$ のとき　$f(x) \geqq 0$ であるから
　$x^3+4-3x^2 \geqq 0$
すなわち　$x^3+4 \geqq 3x^2$
等号が成り立つのは $x=2$ のときである。

327　$f(x)=2x^3+5-6x$ とおくと
　$f'(x)=6x^2-6=6(x^2-1)=6(x+1)(x-1)$
$f'(x)=0$ を解くと　$x=-1$, 1
区間 $x \geqq 1$ における $f(x)$ の増減表は，次のように
なる。

x	1	$\cdots\cdots$
$f'(x)$	0	$+$
$f(x)$	1	$\nearrow$

よって，$x \geqq 1$ のとき　$f(x)>0$ であるから
　$2x^3+5-6x>0$
すなわち　$2x^3+5>6x$

328　$0<a \leqq 2$

329　$b<-\dfrac{\sqrt{6}}{2}$, $\dfrac{\sqrt{6}}{2}<b$

330　$0<a<44$

331　(1)　$-2x+C$　(2)　x^2+C

(3)　$x^3+\dfrac{1}{2}x^2+C$　　(4)　$\dfrac{2}{3}x^3-3x+C$

(5)　x^2-x+C　　(6)　$\dfrac{3}{2}x^2-3x+C$

(7)　$\dfrac{1}{3}x^3+\dfrac{3}{2}x^2+C$　(8)　$-\dfrac{2}{3}x^3+3x^2-4x+C$

(9)　$x-\dfrac{1}{2}x^2-\dfrac{1}{3}x^3+C$

(10)　$x^3-\dfrac{1}{3}x^2+x+C$

332　(1)　$\dfrac{1}{3}x^3-\dfrac{1}{2}x^2-2x+C$

(2)　$x^3-\dfrac{1}{2}x^2+C$

(3)　$\dfrac{1}{3}x^3+x^2+x+C$

(4)　$2x^3-\dfrac{1}{2}x^2-2x+C$

333　(1)　$F(x)=2x^2+2x+1$
(2)　$F(x)=-x^3+x^2-x$

334　(1)　$\dfrac{1}{2}t^2-2t+C$

(2)　$3t^3-t^2+C$

(3)　y^3-y^2-y+C

(4)　$-3u^3-\dfrac{5}{2}u^2+2u+C$

335　$f(x)=x^3-4x+3$

336　$f(x)=x^3+\dfrac{5}{2}x^2+2x+\dfrac{3}{2}$

337　(1)　9　(2)　0　(3)　12

338　(1)　9　(2)　$-\dfrac{16}{3}$　(3)　21

(4)　3　　　　　(5)　0

339　(1)　9　　(2)　-15
340　(1)　4　　(2)　-5
(3)　240　　　(4)　-20

341　(1)　0　(2)　6　(3)　$\dfrac{8}{3}$　(4)　$\dfrac{4}{3}$

342　(1)　6　(2)　$\dfrac{8}{3}$　(3)　$2a^3-2a$

343　(1)　x^2+3x+1　(2)　$-(2x-1)^2$
344　(1)　$f(x)=2x-3$　　$a=-2$

(2)　$f(x)=4x+3$　　$a=1$, $-\dfrac{5}{2}$

345　(1)　$f(x)=x-\dfrac{9}{4}$

(2)　$f(x)=3x^2-2x-4$

346　$x=1$ で，極大値　$\dfrac{4}{3}$

$x=3$ で，極小値　0

347 (1) $-\dfrac{1}{6}$　(2) $-\dfrac{125}{6}$

(3) $-4\sqrt{3}$　　　(4) $-\dfrac{125}{54}$

348 (1) 12　(2) $\dfrac{22}{3}$　(3) $\dfrac{23}{6}$

349 (1) $\dfrac{9}{2}$　(2) $\dfrac{16}{3}$

(3) $8\sqrt{2}$　　　(4) $\dfrac{4}{3}$

350 (1) 24　(2) $\dfrac{13}{3}$

351 (1) $\dfrac{9}{2}$　(2) $\dfrac{32}{3}$

352 (1) 13　(2) $\dfrac{8}{3}$

353 $a=\dfrac{3}{4}$

354 (1) $y=4x-4$　(2) $\dfrac{2}{3}$

355 (1) $y=-4x-4$ と $y=4x-12$

(2) $\dfrac{16}{3}$

356 (1) $\dfrac{4}{3}$　(2) $\dfrac{1}{3}$

357 $\dfrac{71}{6}$

358 $\dfrac{27}{4}$

359 (1) 5　(2) $\dfrac{9}{2}$

360 (1) $\dfrac{23}{3}$　(2) $\dfrac{31}{6}$

361 (1) $\dfrac{9}{2}$　(2) $\dfrac{8\sqrt{2}}{3}$

362 $a=3$

スパイラル数学II学習ノート
微分法と積分法

●編　者　実教出版編修部

●発行者　小田　良次

●印刷所　寿印刷株式会社

●発行所　実教出版株式会社

〒102-8377
東京都千代田区五番町5
電話＜営業＞(03)3238-7777
　　＜編修＞(03)3238-7785
　　＜総務＞(03)3238-7700
https://www.jikkyo.co.jp/

002402023　　　　　　　ISBN 978-4-407-35676-2